Die globale Wasserkrise. Die Ressource Wasser im Kontext der Gerechtigkeit und Nachhaltigkeit

Marius Faust

Bibliografische Information der Deutschen Nationalbibliothek:

Die Deutsche Nationalbibliothek verzeichnet diese Publikation in der Deutschen Nationalbibliografie; detaillierte bibliografische Daten sind im Internet über http://dnb.d-nb.de abrufbar.

ISBN: 9783346856654
Dieses Buch ist auch als E-Book erhältlich.

© GRIN Publishing GmbH
Trappentreustraße 1
80339 München

Druck und Bindung: Books on Demand GmbH, Norderstedt Germany
Gedruckt auf säurefreiem Papier aus verantwortungsvollen Quellen

Das Buch bei GRIN: https://www.grin.com/document/1335861

Wintersemester 2018 / 2019

Seminararbeit

Die globale Wasserkrise

**Die Ressource Wasser im Kontext
der Gerechtigkeit und Nachhaltigkeit.**

vorgelegt von: Marius Faust

Abgabetermin: 31.03.2019

Inhaltsverzeichnis

Abkürzungsverzeichnis

H2O:	Chemische Verbindung aus Sauerstoff und Wasserstoff
IPCC:	The Intergovernmental Panel on Climate Change
UN:	United Nations
UNO:	United Nations Organization
UNICEF:	United Nations Children's Fund
UNESCO:	United Nations Educational, Scientific and Cultural Organization
WHO:	World Health Organization
WWF:	World Wide Fund For Nature

1. Einleitung

In dieser Hausarbeit „Die globale Wasserkrise – Die Ressource Wasser im Kontext der Gerechtigkeit und Nachhaltigkeit." wird die Frage geklärt, ob die Menschheit einer globalen Wasserkrise gegenübersteht, die ein gemeinsames Handeln der internationalen Staatengemeinschaft, nach gerechten und nachhaltigen Ansätzen, erfordert. Am Anfang der Hausarbeit wird in Kapitel 2. der Rohstoff Wasser und die Bedeutung für den Menschen kurz vorgestellt. In weiteren Unterkapiteln wird dann geklärt in welcher Konzentration Wasser auftritt und in welchen Regionen Wasser am häufigsten vorkommt. Des Weiteren wird der naturgemäße Wasserkreislauf skizziert und erläutert in welcher Form die Süßwasservorkommen der Erde vorhanden sind. Außerdem wird die Definition für Wasserknappheit und eine ausreichende Wasserversorgung nach Auffassung der Vereinten Nationen vorgestellt. Im Zusammenhang mit den gewonnen Ergebnissen, soll dann die globale Verteilung von sauberem Trinkwasser und die Auswirkungen des Klimawandels auf die Wasservorkommen erörtert werden. In Kapitel 3. wird die soziale Gerechtigkeitstheorie von John Rawls vorgestellt und in Beziehung mit der in Kapitel 2.3 vorgestellten Resolution der Vereinten Nationen gesetzt. Nachfolgend soll in Kapitel 4. die Kommerzialisierung des Wassers charakterisiert und anhand von konkreten Beispielen bestimmt werden. Besonders berücksichtigt werden dabei die Privatisierung der Wasserressourcen und der Trend hin zu einem Verkauf von Flaschenwasser. Die gewonnen Ergebnisse sollen mit Hilfe der Gerechtigkeitstheorien von Hayek (1971), welcher eher wirtschaftsnahen Gerechtigkeitsprinzipien folgt, sowie Kant (1785) und Rawls (1975) eingeordnet werden. Die unterschiedlichen weltweiten Wasserkrisen und die daraus entstehenden Konflikte werden in Kapitel 5. veranschaulicht und mithilfe eines Fallbeispiels konkretisiert. Anhand des Fallbeispiels wird deutlich gemacht, wie die theoretischen Ergebnisse der vorhergegangen Kapitel sich in der Praxis auswirken. Hierbei soll exemplarisch dargestellt werden, dass es sich um eine globale Wasserkrise handelt, welche die gesamte internationale Staatengemeinschaft betrifft und ein gemeinsames politisches Handeln erfordert. In Kapitel 6. soll ein Lösungsansatz der Vereinten Nationen vorgestellt werden. Im Kern soll es dabei vor allem um die Grundsätze der UN Generalversammlung von Rio de Janeiro (1992) und den Dublin-Prinzipien (1992) zum Thema nachhaltiger Umgang mit Ressourcen gehen. Abschließend werden im Fazit die gewonnen Ergebnisse miteinander verknüpft. Des Weiteren wird geprüft, ob die Grundsätze, Prinzipien und vereinbarten Menschenrechte der Vereinten Nationen, vor dem Hintergrund der aktuellen politischen und ökonomischen Entwicklungen zu vertreten sind und ob diese nachhaltig und gerecht umgesetzt werden. Des Weiteren sollen die Entwicklungen, in Bezug auf die in Kapitel 3. vorgestellte Gerechtigkeitstheorie von John Rawls, eingeordnet werden. Außerdem soll der in Kapitel 6. vorgestellte Lösungsansatz der Vereinten Nationen nach heutigem Wissensstand diskutiert und ergänzt werden.

2. Wasser als Grundlage des Lebens

„Das Prinzip aller Dinge ist Wasser; aus Wasser ist alles, und ins Wasser kehrt alles zurück."[1] Dies ist ein Zitat des Philosophen und Mathematikers Thales, der nach heutigem Kenntnisstand Recht behalten sollte. Wasser ist nach wie vor eine lebensnotwendige und vor allem alternativlose Ressource für das Leben der Erde. Der Rohstoff Wasser ist damit der essentiellste und wertvollste Rohstoff auf der Erde.

„Als grundlegende Voraussetzung zur Entwicklung von Leben, als entscheidender Bestandteil unseres Weltklimageschehens, verantwortlich für geophysikalische Prozesse und die Stabilität des Ökosystems und lebensnotwendige Ressource für den Menschen, war und ist die Verfügbarkeit von Wasser eines der entscheidenden Kriterien für die Entwicklung der menschlichen Gesellschaft."[2]

Ein weiterer Hinweis für die Bedeutsamkeit von Wasser ist der hohe Wassergehalt von lebenden Organismen. So bestehen Pflanzen, Tiere und der Mensch zu 50% - 80% aus Wasser und Meeresalgen, Medusen und Quallen haben sogar einen Wasseranteil von 90% - 99%.[3]

Ohne die Ressource Wasser, ist nach heutigem Kenntnisstand, die Existenz lebender Organismen nicht denkbar.

2.1 Die globale Wasserverteilung

Der Planet Erde ist zu zwei Dritteln mit Wasser bedeckt. Auf den ersten Blick lässt sich daher kaum ein Wassermangel erahnen. Jedoch sind von den ca. 1,4 Milliarden Kubikkilometern Wasser nur 2,5% Süßwasser (siehe Abbildung 1). Als Süßwasser wird die chemische Verbindung $H2O$ mit einem Salzgehalt von unter 0,1% definiert. Zu beachten ist auch, dass Wasser in den drei verschiedenen chemischen Aggregatzuständen – flüssig, fest und gasförmig auftreten kann, was eine unmittelbare Trinkwasserversorgung erschweren kann. Mit über 94%

---

[1] Thales von Milet um 625 - 545 v. Chr., griechischer Philosoph und Mathematiker. Zitiert nach Aristoteles.
[2] Alwardt, C., 2011: Wasser als globale Herausforderung. Die Ressource Wasser. Institut für Friedensforschung und Sicherheitspolitik. Hamburg. S. 1
[3] Vgl. Lozan, J. L. / Grassl, H. / Hupfer, P. / Menzel, L. / Raschke, E. / Schönwiese C.-D., 2005: Warnsignal Klima: Genug Wasser für alle? Wissenschaftliche Auswertung. Hamburg. S. 11

ist der größte Anteil in Form von Salzwasser in den Ozeanen und zu einem geringeren Anteil von knapp unter 6% auf den Kontinenten gespeichert. Die restlichen Wasserreserven befinden sich in der Atmosphäre und entstehen bei der Verdunstung von Wasser.[4]

Abbildung 1: Globale Wasserverteilung

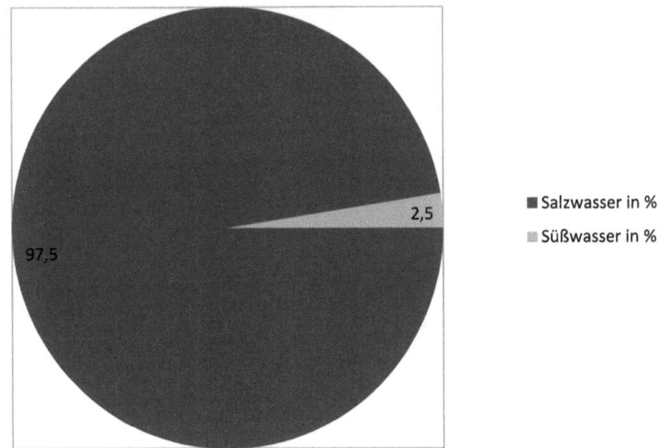

Eigene Darstellung. Quelle: The United Nations, 2009: World Water Development Report 2009. UNESCO. London.

Ein großer Teil des Süßwasservorkommens ist für den Menschen bisher nicht zu erschließen. 69,2% der Süßwasservorkommen sind im polaren Eis gespeichert, weitere 30,3% befinden sich als Grundwasser unter der Erde und die restlichen 0,5% setzen sich aus Grundeis, Dauerfrost, Bodenfeuchtigkeit, Sumpfwasser, sowie Seen und Flüssen zusammen. Dabei machen Seen und Flüsse einen Anteil von 0,25% des gesamten Süßwasservorkommens aus (siehe Abbildung 2). Seen und Flüsse sind die einfachste und effizienteste Möglichkeit für den Menschen an Süßwasser zu gelangen. Die Grundwasservorkommen sind bisher ungefähr bis zur Hälfte (ca.

---

[4]Alwardt, C., 2011: Wasser als globale Herausforderung. Die Ressource Wasser. Institut für Friedensforschung und Sicherheitspolitik. Hamburg. S. 2

15% des gesamten Süßwasseranteils) erschlossen, da sich die andere Hälfte zu tief im Erdboden befindet und bisher die Technologie ein Abpumpen dieser Reserven noch nicht ermöglicht.[5]

Abbildung 2: Globale Süßwasseranteile

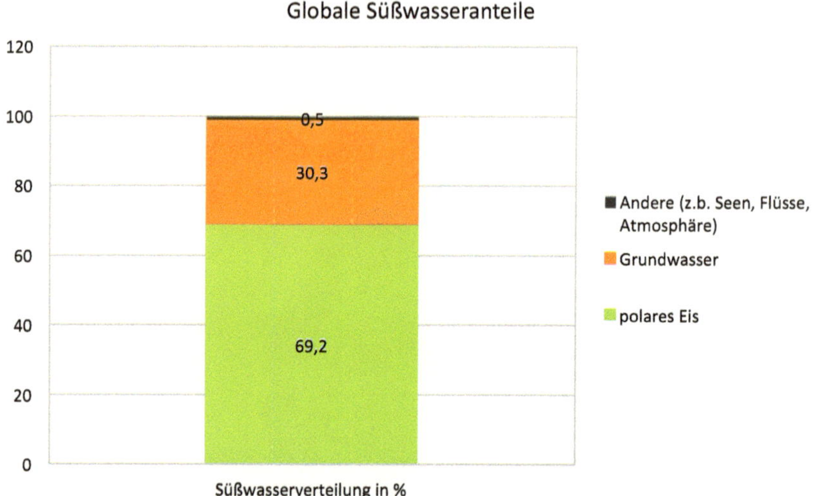

Eigene Darstellung. Quelle: The United Nations, 2009: World Water Development Report 2009. UNESCO. London.

2.2 Der Wasserkreislauf

Das Wasser befindet sich in einem stetigen Kreislauf, bei dem es durch chemische Prozesse auf der Erdoberfläche verteilt wird. Erst 1905 konnte mit Hilfe der wissenschaftlichen Ergebnisse des Geographen Eduard Brückner die globalen Wasserkreisläufe bestimmt werden.[6] „Alle Rechnungen gehen davon aus, dass die Gesamtmenge des im Kreislauf befindlichen Wassers in der gegenwärtigen Periode der Erdentwicklung konstant ist."[7] Daraus lässt sich schließen, dass die Menge des Wassers immer gleichbleibend ist und sich in einem stetigen Kreislauf befindet (siehe Abbildung 3). Dies geschieht beispielsweise, wenn Wasser über den Ozeanen

---

[5]Vgl. The United Nations, 2018: World Water Development Report 2018. UNESCO. Paris. S. 2 ff.

[6]Vgl. Brückner, E, 1909: Über Klimaschwankungen. Mitteilungen der Deutschen Landwirtschafts-Gesellschaft. Ausgabe 24. S. 556 – 561. Vgl. auch Lozan, J. L. / Grassl, H. / Hupfer, P. / Menzel, L. / Raschke, E. / Schönwiese C.-D., 2005: Warnsignal Klima: Genug Wasser für alle? Wissenschaftliche Auswertung. Hamburg. S. 12

[7]Vgl. Lozan, J. L. / Grassl, H. / Hupfer, P. / Menzel, L. / Raschke, E. / Schönwiese C.-D., 2005: Warnsignal Klima: Genug Wasser für alle? Wissenschaftliche Auswertung. Hamburg. S. 12

verdunstet (gasförmig) und sich dann wieder durch Niederschlag (flüssig) entlädt (siehe Abbildung 3).

Das Wasser findet dann zum Beispiel über Flüsse seinen Weg in das Meer zurück und schließt somit den Wasserkreislauf, der sich erst nach 4000 Jahren wiederholt.

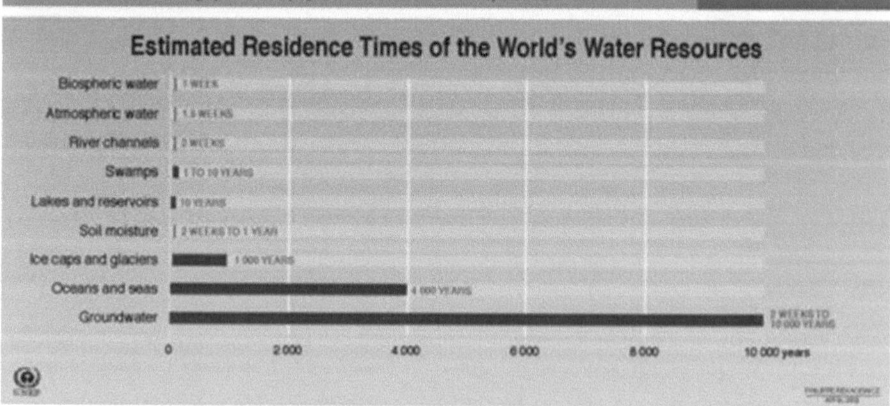

The World's Water Cycle
Global Precipitation, Evaporation, Evapotranspiration and Runoff
Vapour transport
Precipitation
9 000 km³
Precipitation
110 000 km³
Precipitation
458 000 km³
Evapotranspiration
65 200 km³
Evaporation
9 000 km³
Evaporation
502 800 km³
Infiltration
River runoff
42 600 km³
Lakes
Ocean
Area of
internal
runoff
119 million km²
Groundwater flow
2 200 km³
Area of external
runoff
119 million km²
Oceans
and seas
361 million km²
Note: The width of the blue and grey arrows are proportional to the volumes of transported water
Estimated Residence Times of the World's Water Resources
Biospheric water   1 WEEK
Atmospheric water   1.5 WEEKS
River channels   2 WEEKS
Swamps   1 TO 10 YEARS
Lakes and reservoirs   10 YEARS
Soil moisture   2 WEEKS TO 1 YEAR
Ice caps and glaciers   1 000 YEARS
Oceans and seas   4 000 YEARS
Groundwater   2 WEEKS TO 10 000 YEARS
0   2 000   4 000   6 000   8 000   10 000 years

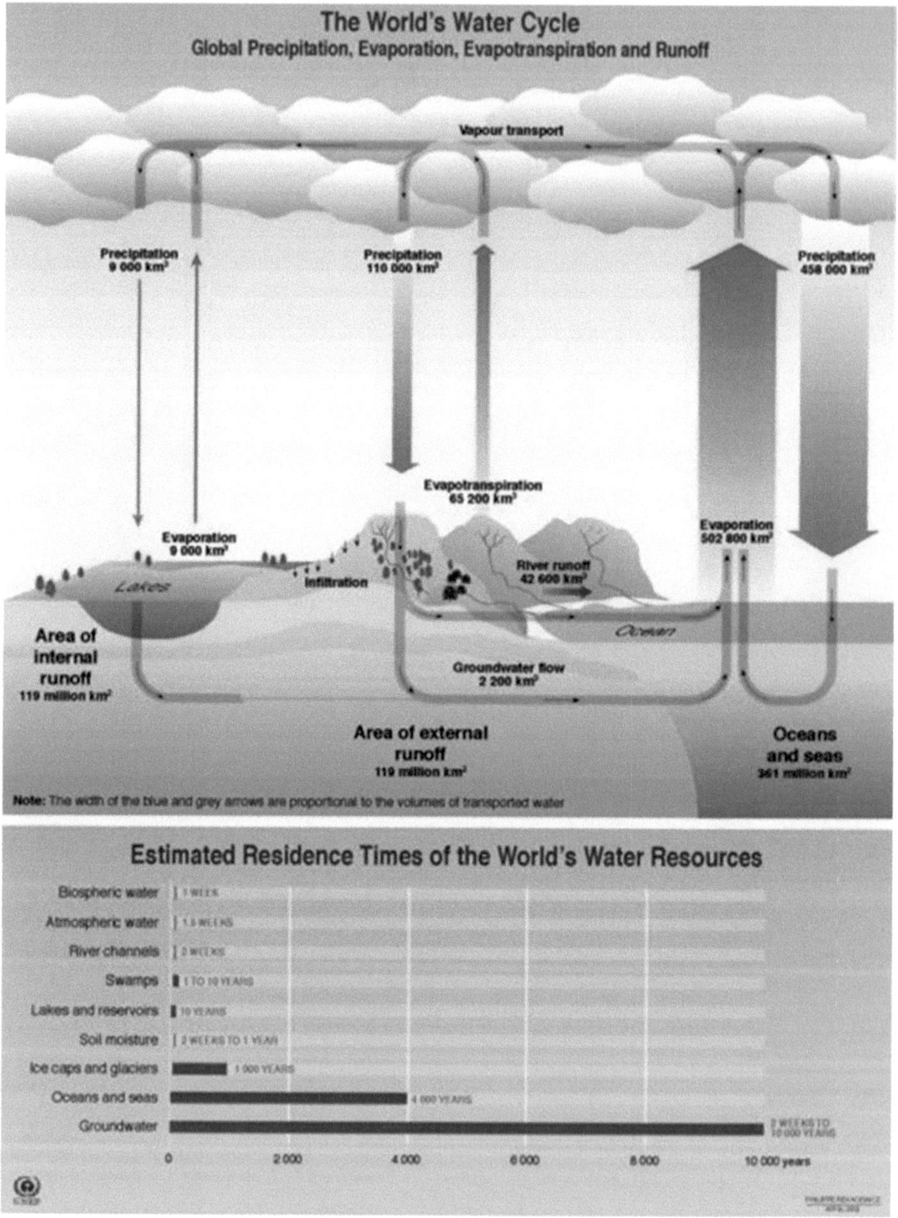

Quelle: Shiklomanov, I., 1993: World fresh water resources. in Peter H. Gleick (Hrsg.), 1993, Water in Crisis: A Guide to the World's Fresh Water Resources. Oxford University Press. New York.

Besonders hervorzuheben ist, dass das verdunstete Salzwasser der Ozeane sich nicht vollständig über dem Ozean niederschlägt, sondern eine nicht unerhebliche Differenz zwischen verdunstetem Wasser und Niederschlag in Höhe von 44.800 km³ pro Jahr über dem Festland stattfindet. Hierbei wird ein Großteil des Niederschlags in Süßwasser umgewandelt, welches sich in verschiedenster Weise auf den Kontinenten speichert (siehe Abbildung 2). Die Länge der Speicherung variiert ebenfalls stark, so sind die heutigen Grundwasserreserven als eine langjährige Ansammlung eines stetigen Wasserkreislaufs anzusehen (siehe Abbildung 3). Die hier angegebene Dauer basiert auf den Daten der UNESCO (siehe Quelle von Abbildung 3). In der wissenschaftlichen Literatur zum Beispiel bei Hendl / Liedtke (2002) variieren diese Werte jedoch zum Teil.[8]

2.3 Welche Menge an Wasser ist ausreichend?
Am 28. Juli 2010 haben die Vereinten Nationen das Recht auf Wasser und Sanitärversorgung als Menschenrecht anerkannt.[9] Laut UNICEF leben weltweit 2,1 Milliarden Menschen ohne Zugang zu sauberem Trinkwasser. Davon betroffen sind meist Menschen in ärmeren Regionen der Welt. Darüber hinaus nutzen 4,5 Milliarden Menschen weltweit keine sicheren Sanitäranlagen.[10] Als sichere Sanitäranlage gilt beispielsweise eine Toilette mit funktionierender Wasserinfrastruktur und einer Möglichkeit, dass der Mensch nicht mit Fäkalien in Kontakt kommt. Dieser Umstand ist für mehr als die Hälfte der Erdbevölkerung nicht gegeben. Vor allem für Kinder sind solche Bedingungen gesundheitsschädigend und im schlimmsten Fall sogar lebensbedrohlich. Der Wissenschaftler Brugger (2005) kam zu der Erkenntnis, dass eine starke Korrelation zwischen Zugang zu Trinkwasser und der Kindersterblichkeitsrate eines Landes besteht. „Die Länder mit den tiefsten Zugangsraten zu sauberem Wasser weisen die höchste Kindersterblichkeit auf."[11] Außerdem hat eine mangelnde Wasserversorgung auch Auswirkungen auf die Bildung, da Kinder krankheitsbedingt nicht am Unterricht teilnehmen können oder für die zeitintensive Wasserbeschaffung ihrer Familie

---

[8]Vgl. Hendl, M. / Liedtke, H., 2002: Lehrbuch der Allgemeinen Physischen Geographie. Justus Perthes Verlag. Gotha. 3. Auflage. S. 454

[9]Vgl. Generalversammlung der UN, 2010: Menschenrecht auf Wasser und Sanitärversorgung. Resolution 64/292.

[10]Vgl. UNICEF, 2018: 10 Fakten über Wasser. Weltwasserwoche 2018.

[11]Brugger, F., 2005: Gegenwärtige und künftige Wasserprobleme in Entwicklungsländern. In: Lozan, J. L. / Grassl, H. / Hupfer, P. / Menzel, L. / Raschke, E. / Schönwiese C.-D., 2005: Warnsignal Klima: Genug Wasser für alle? Wissenschaftliche Auswertung. Hamburg. S. 245

benötigt werden.[12] Darüber hinaus ist durch das Recht auf Wasser ein Recht auf Leben, Nahrung und einer angemessenen medizinischen Versorgung implementiert, da ohne den Faktor Wasser keines der anderen Rechte bestand hätte. Die UN Resolution 64 / 292 richtet sich nach folgenden Maßstäben für die Trinkwasserversorgung (siehe Tabelle 1).

Tabelle 1: Ausreichende Wassermenge pro Person / Jahr

Definition	Erneuerbares Trinkwasser pro Person / Jahr
Ausreichende Wasserversorgung	1.700 m³
Wasserarmut (water stress)	1.000 bis 1.700 m³
Wasserknappheit (water scarcity)	Unter 1.000 m³
Absolute Wasserknappheit	Unter 500 m³

Eigene Darstellung. Quelle: Falkenmark, M. / Lundqvist, J. / Widstrand, C., 1989: Macro-scale water scarcity requires microscale approaches. Natural resource Forum. Vol. 13, Issue 4. S. 258-267

Das Menschenrecht auf Wasser wird verletzt, wenn zur Gewährleistung der Grundversorgung mit Wasser die vorhandenen Wasserreservoirs nicht genutzt werden und die Unterstützung von außen verboten wird. Außerdem werden die Staaten und internationalen Organisationen dazu aufgefordert Finanzmittel und Technologien bereitzustellen, um sauberes, zugängliches und erschwingliches Trinkwasser, sowie eine hygienische Sanitärversorgung zu gewährleisten.[13]

2.4 Die globale Verteilung von sauberem Trinkwasser

Laut dem Monitoringbericht 2017 von UNICEF und der WHO haben 2,1 Milliarden Menschen zu Hause keinen Zugang zu sauberem Trinkwasser und weitere 4,4 Milliarden Menschen mangelt es an angemessenen sanitären Einrichtungen.[14]

---

[12]Vgl. Brugger, F., 2005: Gegenwärtige und künftige Wasserprobleme in Entwicklungsländern. S. 245
[13]Vgl. Generalversammlung der UN, 2010: Menschenrecht auf Wasser und Sanitärversorgung. Resolution 64/ 292.
[14]Vgl. UNICEF / WHO, 2017: Progress on Drinking Water, Sanitation and Hygiene.

Abbildung 4: Prozentualer Anteil der Bevölkerung mit Zugang zu sauberem Trinkwasser

Aus urheberrechtlichen Gründen wurde diese Abbildung entfernt

Quelle: UNICEF / WHO, 2017: Progress on Drinking Water, Sanitation and Hygiene.

Abbildung 4 zeigt, dass die Regionen mit einer geringen Trinkwasserversorgung und Trinkwasserinfrastruktur ausschließlich Entwicklungsländer betrifft. Als Entwicklungsland gelten Länder mit einer schlechten Versorgung von Nahrungsmitteln, einem niedrigen Pro-Kopf Einkommen, einer mangelhaften Gesundheitsversorgung mit einer hohen Kindersterblichkeitsrate und einer geringen Lebenserwartung, mangelhaften Bildungsmöglichkeiten und einer insgesamt hohen Arbeitslosigkeit mit einer extrem ungleichen Verteilung der Güter.[15] Wie in den vorherigen Abschnitten zu entnehmen, befindet sich das Wasser in einem stetigen und konstanten Kreislauf, was aber nicht unbedingt heißt, dass es an der Stelle der Entnahme auch wieder reproduziert wird und die Verteilung der Wasservorräte ebenfalls nicht proportional verteilt ist.

---

[15]Vgl. Bundesministerium für wirtschaftliche Zusammenarbeit und Entwicklung, 2019: Entwicklungsland. Begriffsdefinition. Berlin.

Abbildung 5: Weltweite Wasservorräte

Aus urheberrechtlichen Gründen wurde diese Abbildung entfernt

Quelle: Grafik: Wasserwerke Sonneberg, 2015: Weltweite Wasservorräte. Daten: Statistisches Bundesamt

Eine Korrelation zwischen Wasservorrat und sauberer Trinkwasserversorgung ist nicht unbedingt gegeben (Vgl. Abbildung 4 und 5). Vor allem für die Versorgung, Infrastruktur und Aufbereitung von Wasser bedarf es moderner Technologien, die in Entwicklungs- und Schwellenländern noch nicht entwickelt sind und auf Grund der geografischen Lage auch sehr kostenintensiv sein können. [16] Außerdem verfügen diese Länder meist nicht über Wasserreinigungssysteme, welche ein sauberes Trinkwasser garantieren könnten. Diese Problematik wird in den folgenden Kapiteln dieser Hausarbeit nochmal gesondert aufgegriffen. Zunächst ist jedoch festzustellen, ob die Entnahme von Wasser sich mit dem Mangel an Wasservorräten deckt.

---

[16]Vgl. Kohfahl, C. / Massmann, G. / Pekdeger, A., 2005: Fossiles und neues Grundwasser als Teil des Gesamtwassers. In: Lozan, J. L. / Grassl, H. / Hupfer, P. / Menzel, L. / Raschke, E. / Schönwiese C.-D., 2005: Warnsignal Klima: Genug Wasser für alle? Wissenschaftliche Auswertungen. Hamburg. S. 68 ff.

Abbildung 6: Weltweite Wasserentnahme

Aus urheberrechtlichen Gründen wurde diese Abbildung entfernt

Quelle: Grafik: Bundeszentrale für politische Bildung, 2017: Wasser. Bonn. Daten: Food and Agriculture Organization of the United Nations (FAO): AquaStat (10/2016)

Die Länder mit einem geringen Wasservorrat haben auch das Bedürfnis nach einer höheren Wasserentnahme. (Vgl. Abbildung 5 und Abbildung 6) Dieses Phänomen ist mit den vorangegangenen Ergebnissen dieser Arbeit zu erklären. Die ungleiche Verteilung von Niederschlägen weltweit führt dazu, dass in einigen Teilen der Welt eine Dürre herrscht und somit für landwirtschaftliche Zwecke ein höherer Bedarf an Wasser entsteht. Da dies meist ärmere Regionen betrifft, ist somit festzustellen, dass der Bedarf an Nahrungsmitteln ebenfalls eng mit dem der sauberen Trinkwasserversorgung zusammenhängt. „Die Hauptursache von Wasserknappheit bzw. -mangel ist, dass die Niederschläge höchst ungleich auf der Erde verteilt sind."[17] Im nördlichen Teil Afrikas (nördlicher Wendekreis) fallen im Durchschnitt 10mm Niederschläge pro Monat, im südlichen Teil Afrikas (südlicher Wendekreis) 75mm und in Zentralafrika 150mm der Niederschläge pro Monat.[18] „Somit ergibt sich allein aufgrund der natürlichen Gegebenheiten in einigen Regionen eine gewisse Wasserarmut, d.h. pro Kopf eine sehr geringe natürliche Verfügbarkeit erneuerbaren Oberflächen und Grundwassers."[19]

2.5 Einfluss des Klimawandels auf die globale Trinkwasserversorgung

In diesem Unterkapitel soll der Einfluss und mögliche Prognosen des Klimawandels auf die Trinkwasserversorgung dargestellt werden. Da der wissenschaftliche Diskurs zum Thema anthropogener Klimawandel durchaus noch geführt wird, ist an dieser Stelle zu erwähnen, dass sich diese Arbeit auf die wissenschaftlichen Ergebnisse von Befürwortern eines anthropogenen Klimawandels stützt. Allen voran sind dabei die Erkenntnisse des Klimaforschers Mojib Latif

---

[17]Lozan, J. L. / Grassl, H. / Hupfer, P. / Menzel, L. / Raschke, E. / Schönwiese C.-D., 2005: Warnsignal Klima: Genug Wasser für alle? Wissenschaftliche Auswertung. Hamburg. S. 12

[18]Vgl. Pidwirny, M., 2006 Global Distribution of Precipitation. Fundamentals of Physical Geography. | Niederschlagsmenge: 1mm = 1L pro qm²

[19]Eid, U. / Kranz, 2014: Wasser - Menschenrechte, Ressource, Konfliktstoff? In: Schnecker, U. / Scheliha, v. A. / Lienkamp, A. / Klagge, B. (Hrsg.): Wettstreit um Ressourcen: Konflikte um Klima, Wasser und Boden. oekom Verlag. München. S. 148

(2015)[20] zu nennen und die insbesondere auf Afrika spezialisierten Ergebnisse bezüglich eines Klimawandels von Walter Leal (2011)[21].

„The implications of unsustainable patterns of development are nowhere more evident than in the challenges presented by global climate change. The potential impacts cross generational and geographical divides to permeate ecological and human systems alike, while the causes cut to the core of our economies and shake the foundations of politics at all levels."[22]

Zusammenfassend lässt sich auf Grundlage der modernen Klimaforschung eines anthropogenen Klimawandels festhalten, dass die Auswirkungen und Folgen der umweltschädlichen ökonomischen Entwicklungsprozesse das globale Klima folgenschwer verändern und somit ein überregionales politisches Handeln notwendig machen. Darauf aufbauend kann an dieser Stelle geklärt werden, welche Auswirkungen der Klimawandel auf den Wasserkreislauf sowie die Wasserverteilung haben kann. Laut dem Bericht „Climate Change and Water" des Intergovernmental Panel on Climate Change (IPCC) gibt es bereits heute enorme Einflüsse durch den Klimawandel auf die Wasserversorgung, Wasserspeicher und Wasseraufbereitung.[23]

„Observational records and climate projections provide abundant evidence that freshwater resources are vulnerable and have the potential to be strongly impacted by climate change, with wide-ranging consequences for human societies and ecosystems."[24]

Die Klimaverhältnisse werden extremer werden. Die geographische und zeitliche Verteilung von Niederschlägen und ausgedehnten Dürreperioden wird stark variieren. Dies wiederum wird zur Folge haben, dass einige Regionen mit einer noch extremeren Wasserverknappung konfrontiert werden und andere Regionen mit Hochwasser rechnen müssen. Eine erhöhte Niederschlagsmenge ist aber nicht zwangsläufig positiv einzuordnen, da es zu Verunreinigungen des Trinkwassers führen kann, zum Beispiel weil die Infrastruktur überlastet ist oder Aufbereitungsanlagen überlaufen. Natürlich können auch Naturkatastrophen als Folge des Klimawandels, wie beispielsweise ein Tsunami oder starke Orkane einen negativen Nebeneffekt auf die Wasserversorgung der ansässigen Bevölkerung haben.[25] Generell sind jedoch sämtliche Schätzungen der konkreten regionalen Auswirkungen des Klimawandels auf

---

[20]Vgl. Latif, M., 2015: Klima. Fischer Kompakt. Berlin.
[21]Vgl. Leal, W., 2011: Experiences of Climate Change Adaptation in Africa. Springer-Verlag. Berlin.
[22]Leal, W., 2011: Experiences of Climate Change Adaptation in Africa. Springer-Verlag. Berlin. S. 2
[23]Vgl. Bates, B. C. / Kundzewicz, Z. W. (Hrsg.), 2008: Climate Change and Water: Technical Paper of the Intergovernmental Panel on Climate Change. IPCC Secretariat. Genf.
[24]Bates, B. C. / Kundzewicz, Z. W. (Hrsg.), 2008: Climate Change and Water: Technical Paper of the Intergovernmental Panel on Climate Change. IPCC Secretariat. Genf. S. 3
[25]Eid, U. / Kranz, 2014: Wasser - Menschenrechte, Ressource, Konfliktstoff? In: Schnecker, U. / Scheliha, v. A. / Lienkamp, A. / Klagge, B. (Hrsg.): Wettstreit um Ressourcen: Konflikte um Klima, Wasser und Boden. oekom Verlag. München. S. 149

die Wasserversorgung mit großer Unsicherheit behaftet, was wiederum politische und administrative Planungsentscheidungen maßgeblich erschwert.[26]

3. Die Ressource Wasser im Kontext der Gerechtigkeitstheorie von John Rawls

John Rawls kontraktualistische Gerechtigkeitstheorie nach dem Prinzip der Fairness basiert auf einem Gedankenexperiment, welches die Grundsätze der sozialen Gerechtigkeit in einer fairen Ausgangssituation festlegt. Diejenigen, die sich zu einer gesellschaftlichen Zusammenarbeit verpflichten, handeln Grundsätze der Gerechtigkeit aus, die in einem vertraglichen Rahmen festgehalten werden. Hierbei sollen laut Rawls die gesellschaftlichen Güter unter dem Schleier des Nichtwissens verteilt werden.[27]

„Die Grundsätze der Gerechtigkeit werden hinter einem Schleier des Nichtwissens festgelegt. Dies gewährleistet, dass dabei niemand durch die Zufälligkeiten der Natur oder der gesellschaftlichen Umstände bevorzugt oder benachteiligt wird. Da sich alle in der gleichen Lage befinden und niemand Grundsätze ausdenken kann, die ihn aufgrund seiner besonderen Verhältnisse bevorzugen, sind die Grundsätze der Gerechtigkeit das Ergebnis einer fairen Übereinkunft. [...] Den Urzustand könnte man den angemessenen Ausgangszustand nennen, und damit sind die in ihm getroffenen Grundvereinbarungen fair."[28]

Die Rawlsche Auffassung von Gerechtigkeit könnte durchaus für die Konzeption einer ökologischen Verteilungsgerechtigkeit genutzt werden. Aus den vorangegangenen Kapiteln lässt sich klar entnehmen, dass die Wasservorkommen der Erde durchaus ungleich auf die einzelnen souveränen Nationalstaaten verteilt sind. Die Vereinten Nationen haben bereits ein Menschenrecht auf Wasser und Sanitärversorgung anerkannt. Nach dem Rawlschen Ansatz gibt es somit zumindest eine Gruppe die sich im Rahmen der Vereinten Nationen zu einer gesellschaftlichen Zusammenarbeit verpflichtet hat und versucht, eine gerechtere Verteilung des Wassers zu gewährleisten. Die fairen und vernünftigen Entscheider[29], in diesem Falle also die Generalversammlung der Vereinten Nationen, müssten sich also hinter einem Schleier des Nichtwissens und einer Erweiterung der Rawlschen Konzeption auf ein ökologisches Gerechtigkeitsprinzip einigen, wie es zum Beispiel bei Heidrich (2014) zu finden ist.

---

[26]Eid, U. / Kranz, 2014: Wasser - Menschenrechte, Ressource, Konfliktstoff? In: Schnecker, U. / Scheliha, v. A. / Lienkamp, A. / Klagge, B. (Hrsg.): Wettstreit um Ressourcen: Konflikte um Klima, Wasser und Boden. oekom Verlag. München. S. 149

[27]Vgl. Rawls, J., 1975: Eine Theorie der Gerechtigkeit. Suhrkamp Taschenbuch Wissenschaft. Frankfurt am Main. S. 27

[28]Rawls, J., 1975: Eine Theorie der Gerechtigkeit. Suhrkamp Taschenbuch Wissenschaft. Frankfurt am Main. S. 29

[29]Vgl. Rawls, J., 1975: Eine Theorie der Gerechtigkeit. Suhrkamp Taschenbuch Wissenschaft. Frankfurt am Main. S. 28

„Erstens hat jedermann in jeder Generation und Nation das gleiche Recht auf die irdischen Naturgüter, soweit dies für alle möglich ist. Zweitens müssen Ungleichheiten bei der Verteilung der natürlichen Ressourcen so beschaffen sein, dass sie dem am wenigsten Begünstigten den größtmöglichen Anteil bringen, der mit Rechten verbunden sei, die jedem offen stünden."[30] Ob diese Auffassung der Gerechtigkeit durch die Resolution (siehe Kapitel 2.3) der Vereinten Nationen erfüllt werden, soll in den folgenden Kapiteln abschließend geprüft werden.

4. Die Kommerzialisierung von Wasserressourcen

Der gesamte Wassersektor, von der Infrastruktur, Speicherung, Aufbereitung und Vermarktung, bis hin zur Privatisierung und Entnahme von Wasserressourcen, wird immer mehr in das kapitalistische System der globalen Welt eingegliedert. Festzustellen ist, dass die einst staatliche Verfügung und Gewährleistung der Wasserreservoirs zunehmend in die Hände privater Konzerne fällt.[31] Wie schon in den vorangestellten Kapiteln (vergleiche Kapitel 2.3 und 2.4) erörtert, sind vor allem Entwicklungs- und Transformationsländer von einer Wasserknappheit betroffen und haben in den meisten Fällen auch nicht die nötigen Technologien, um die eigenen Grundwasserreserven auszuschöpfen. Auch aus diesem Grund hält ein Teil der Wissenschaftler und Experten eine Privatisierung des Wassersektors, vor allem in Regionen, die von einer Wasserknappheit betroffen sind, für die effizienteste Lösung, um den Wassermangel zu bekämpfen. [32] Die Kritiker einer Privatisierung befürchten, dass die Einwohner von wasserarmen Regionen in eine Abhängigkeit von internationalen Konzernen geraten. [33] Einzelne Länder und Städte verkaufen ihre Wasserreserven und bestehenden Wasserversorgungssysteme. Dies geschieht nicht nur aus Mangel an Technologien, sondern auch um mit einem Verkauf zum Beispiel Schulden zu decken.[34] Besonders betroffen sind afrikanische Staaten, da diese meist nicht die notwendigen Technologien besitzen um ihre Wasservorkommen abzupumpen. Auch da sie die Menschenrechte gewährleisten müssen und internationale Hilfe nicht verweigern dürfen (siehe Kapitel 2.3), erlangen internationale Konzerne Zugang zu den Grundwasserreserven, da diese die nötigen Technologien besitzen um die Wasserreserven an die Erdoberfläche zu befördern. Die internationalen Konzerne erlangen

---

[30]Heidrich, M., 2004: Rechtsphilosophische Grundlagen des Ressourcenschutzes. Duncker & Humblot. Berlin. S.153
[31]Vgl. Brehme, J., 2010: Privatisierung und Regulierung der öffentlichen Wasserversorgung. Mohr Siebeck Verlag. Tübingen.
[32]Vgl. Breithaupt, M. / Höfling, H. / Petzold, L. / Philipp, C. / Schmitz, N. / Sülzer, R., 1998: Kommerzialisierung und Privatisierung von Public Utilities. Gabler Verlag. Wiesbaden.
[33]Vgl. Schönlebe, D., 2007: „Das ist eben Kapitalismus". Fluter Magazin. Heft 23. S. 16 | Vgl. auch Kroth, I. / Kartsolis, C., 2007: Grenzenloser Gewinn. Fluter Magazin. Heft 23. S. 19
[34]Vgl. Müller, F., 2007: Der blaue Goldrausch. Fluter Magazin. Heft 23. S. 14

Zugang zu Wasserreservoirs in dem sie diese kaufen oder lokale Unternehmen übernehmen.[35] Große internationale Konzerne wie Nestlé, Danone, Coca-Cola und PepsiCo beherrschen zusammen mehr als ein Drittel der weltweiten Flaschenwassermarktanteile. In Entwicklungs- und Transformationsländern sind diese Anteile bedeutend höher. Die Strategie dieser Konzerne ist das Grundwasser zu fördern und in Flaschen abzufüllen, die dann wiederum von der Bevölkerung käuflich erworben werden können. In eine funktionierende Wasserinfrastruktur oder nachhaltige Wasserversorgung wird meist nicht investiert. Die Konzerne handeln in der Regel nach rationalen und kapitalistischen Mustern, die auf den eigenen maximalen Profit abzielen.[36] Sofern es funktionierende Leitungswassersysteme gibt, werden diese zum Teil von Konzernen, wie Nestlé, durch Marketingstrategien innerhalb der Bevölkerung in ein negatives Licht gerückt. „Neben der konventionellen Werbung veranstaltete der Konzern Gesundheitsseminare, in denen etwa Krankenschwestern über die negativen Folgen des Leitungswasserkonsums aufgeklärt wurden. In Pakistan hat Nestlé auf diese Weise binnen eines halben Jahres 50 Prozent des Marktes erobert. Heute ist Pure Life das zweiterfolgreichste Flaschenwasser der Welt – nach Aqua von Danone."[37] Die Tendenz der Nachfrage nach Flaschenwasser ist weiter steigend (siehe Abbildung 7).

---

[35]Vgl. Kroth, I. / Kartsolis, T., 2007: Grenzenloser Gewinn. Fluter Magazin. Heft 23. S. 19
[36]Vgl. Kroth, I. / Kartsolis, T., 2007: Grenzenloser Gewinn. Fluter Magazin. Heft 23. S. 20
[37]Kroth, I. / Kartsolis, T., 2007: Grenzenloser Gewinn. Fluter Magazin. Heft 23. S. 20

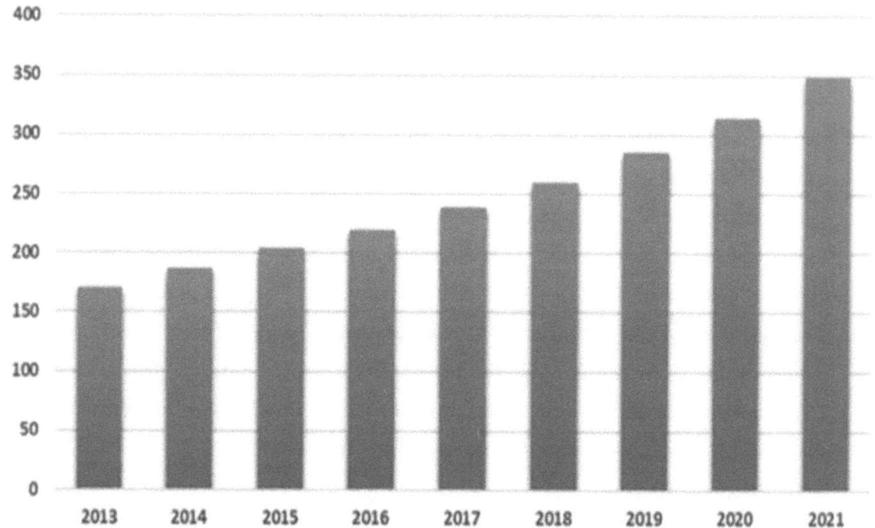

Quelle: The Business Research Company, 2018: Bottled Water Global Market Report.

Für Vertreter des Wirtschafts- bzw. Neoliberalismus ist diese Entwicklung aus Sicht der Gerechtigkeitstheorie nicht negativ zu betrachten, sondern fördert sogar durch das wirtschaftliche Wachstum die Ziele der modernen Regierungen. Ob man vor allem bei den afrikanischen Staaten von modernen Regierungen sprechen kann, sei an dieser Stelle, aus politikwissenschaftlicher Sicht, zumindest kritisch vermerkt.

„Alle modernen Regierungen haben Fürsorge für die Bedürftigen, vom Missgeschick Betroffenen und die Arbeitsunfähigen geschaffen und haben sich mit Fragen des Gesundheitswesens und der Verbreitung von Wissen befasst. Es besteht kein Grund, aus dem der Umfang dieser reinen Dienstleistungen mit dem allgemeinen Wachstum nicht erweitert werden sollte [...] Es kann kaum geleugnet werden, dass mit zunehmendem Reichtum jenes Existenzminimum, das die Gemeinschaft für die, die sich nicht selbst erhalten können, immer geboten hat, und dass das außerhalb des Marktes geboten werden kann, allmählich steigen wird, oder dass die Regierung nützlicher Weise, und ohne Schaden anzurichten, in solchen

Bemühungen hilfreich oder sogar führend sein kann."[38] Demgegenüber kann man jedoch aus Perspektive der kommerziell agierenden Konzerne die Auffassung der praktischen Vernunft beziehungsweise des praktischen Imperatives nach Immanuel Kant stellen. „Handle so, dass du die Menschheit, sowohl in deiner Person als in der Person eines jeden anderen jederzeit zugleich als Zweck, niemals bloß als Mittel brauchst."[39]

Die Rolle der Konzerne im ökonomischen Kreislauf müsste auf Grund der Tatsache, dass es sich hierbei um ein, durch die Menschenrechte geschütztes Gut handelt, durch Gesetze und Pflichten gesondert definiert werden. Es ist kaum möglich eine lebensnotwendige und natürliche Ressource, im Sinne des Neoliberalismus, ohne weiteres in den kapitalistischen Wirtschaftsprozess einzugliedern. Durchaus kann eine an Gesetze und Pflichten gekoppelte Eingliederung der Ressource Wasser in den Wirtschaftskreislauf aber zu positiven Effekten führen und die von der UN geforderten Maßnahmen beschleunigen. Nach Rawls müsste dieser Prozess allerdings nach den Prinzipien der sozialen Gerechtigkeitstheorie, „durch seine Grundsätze für die Zuweisung von Rechten und Pflichten und die richtige Verteilung gesellschaftlicher Güter"[40], definiert sein.

5. Weltweite Wasserkrisen und Konflikte

Der vor wenigen Tagen verstorbene, ehemalige Außenminister der Bundesrepublik Deutschland, Klaus Kinkel, beschrieb auf einer Konferenz zum Thema 'Globale Wasserpolitik-Kooperation für grenzüberschreitendes Gewässermanagement' die Wichtigkeit von Wasser in trockenen Regionen wie folgt: „[…] Wasser wird mehr und mehr zu einem strategischen Gut. Wer im 21. Jahrhundert Zugang dazu hat, ist im Vorteil: politisch, wirtschaftlich und sozial. Wasser ist wichtiger als Öl. Wasser ist durch nichts zu ersetzen [...]"[41]

Aufgrund von Wasserknappheit entstehen innerstaatliche und zwischenstaatliche Konflikte. Die in verschiedener Form auftreten können und im schlimmsten Fall in gewaltsame Auseinandersetzungen münden. Es besteht zumindest die Gefahr, dass die Konflikte um Wasser

---

[38]Hayek, F. A., 1971: Die Verfassung der Freiheit. Mohr-Siebeck. Tübingen. S. 328 / 329

[39]Kant, I., 1785: Grundlegung zur Metaphysik der Sitten. J. F. Hartknoch. AA IV. S. 429

[40]Rawls, J., 1975: Eine Theorie der Gerechtigkeit. Suhrkamp Taschenbuch Wissenschaft. Frankfurt am Main. S. 26

[41]Stiefel, R., 2014: Abwasserrecycling und Regenwassernutzung. Springer Verlag. Wiesbaden. S. 144 | Auszug aus einer Rede von Klaus Kinkel.

in Zukunft sogar militärisch gelöst werden, da von der Ressource Wasser die Ernährung und Entwicklung ganzer Völker abhängt.[42]

Allein im Zeitraum zwischen 2000 und 2012 kam es zu mehr als fünfzig gewalttätigen Konflikten (siehe Abbildung 8), die auf einen Wassermangel zurückzuführen sind.[43]

Abbildung 8: Weltweite Wasserknappheit und Konflikte zwischen 2000 und 2012

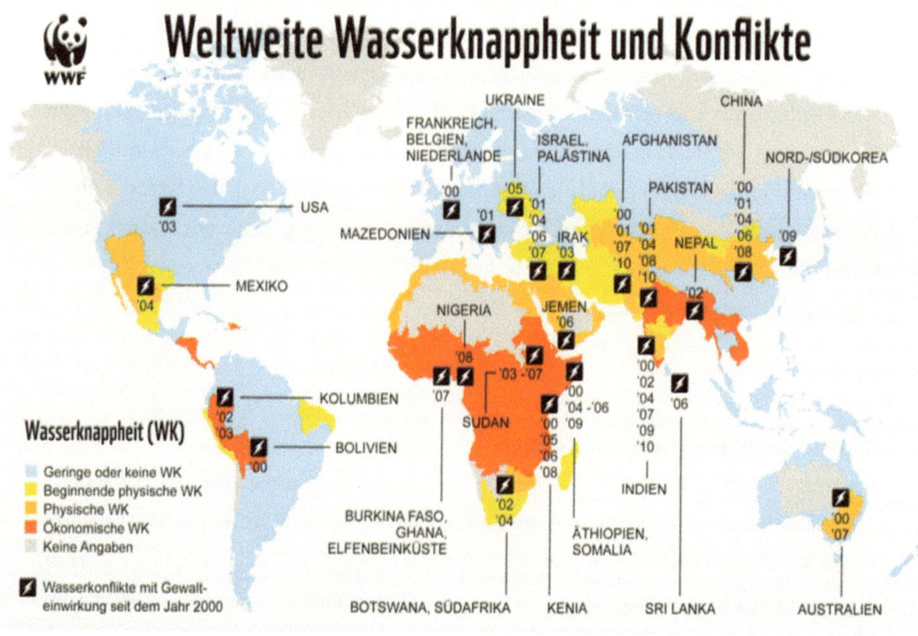

Quelle: Gramling, R.,2012: Kampf gegen globale Wasserkrise. WWF

Für Konflikte Weltweit gibt es viele zutreffende Fallbeispiele[44], einer der etwas aktuelleren Konfliktursachen soll an dieser Stelle exemplarisch vorgestellt werden. Als Beispiel soll an dieser Stelle der Bürgerkrieg in Syrien dienen, der Millionen Flüchtlinge und Binnenflüchtlinge unter anderem dazu veranlasste ihr Land zu verlassen.[45] Gegenstand der Überlegung ist, dass

---

[42]Vgl. Fröhlich, C. / Ratsch, U., 2005: Wasserknappheit und kriegerische Konflikte. In: Lozan, J. L. / Grassl, H. / Hupfer, P. / Menzel, L. / Raschke, E. / Schönwiese C.-D., 2005: Warnsignal Klima: Genug Wasser für alle? Wissenschaftliche Auswertung. Hamburg. S. 235 ff.

[43]Vgl. Gramling, R., 2012: Kampf gegen globale Wasserkrise. WWF.

[44]Anmerkung: Beispielhafte Wasserkonflikte an den Flüssen des Nils oder Jordan, sowie um das Euphrat-Tigris-Becken und dem Aralsee.

[45]Vgl. Mashow, Y., 2018: Ist der Klimawandel eine Ursache des Kriegs in Syrien? Germanwatch.

die langfristige Dürreperiode von 2006 bis 2011 den Bürgerkrieg innerhalb des Landes begünstigte. Laut einer Studie, aus dem 'Global Assessment Report on Disaster Risk Reduction'[46], der Vereinten Nationen wirkte sich die Dürre in Syrien vor allem auf den, in der Landwirtschaft aktiven Teil der Bevölkerung aus. So erlitten laut der Studie 75% der Landwirte einen totalen Ernteausfall und die syrischen Hirten verloren rund 85% ihres Viehbestandes. Dies hatte Auswirkungen auf mehr als 1,3 Millionen Menschen und führte dazu, dass große Teile der Bevölkerung, die von der Landwirtschaft abhängig waren, vom Land in die Städte abwanderten. In der Folge kam es in den Städten Syriens zu ersten Protesten, die nicht zuletzt durch die schlechten Bedingungen durch die lange Dürreperiode hervorgerufen wurden. Die Auseinandersetzung führte zu einem Bürgerkrieg und in der Folge sogar zu einer großen Flüchtlingsbewegung der Bevölkerung. An dieser Stelle sei eindrücklich darauf hingewiesen, dass die Dürreperiode nicht die einzige Ursache für die Proteste innerhalb des Landes war, sondern lediglich ein wichtiger Impuls. „Zur Situation in Syrien kam eine langanhaltende schlechte politische und wirtschaftliche Lage dazu. Diese Anhäufung von Gründen hat eine Revolution des syrischen Volkes begünstigt, und im Verlauf eine Steigerung, die den heutigen Krieg als Ergebnis hatte."[47] Unter Berücksichtigung des Klimawandels (siehe Kapitel 2.5) ist in jedem Fall damit zu rechnen, dass Konflikte dieser Art sich in Zukunft noch mehren werden. Die Wasservorräte eines Landes sind maßgeblich mitbestimmend für die Ernährung und Trinkwasserversorgung der Bevölkerung, sowie für das wirtschaftliche Fortkommen. Sollten solche Probleme von der Politik nicht prospektiv behandelt werden, dann wird die globale Wasserkrise als Krisenmultiplikator wirken, welche neue Krisen entstehen lässt oder bereits bestehende verstärkt.[48] Dies ist vor allem im hier dargestellten Beispiel durch den großen Flüchtlingsstrom in Richtung Europa sehr gut nachzuvollziehen, da sich eine Wasserkrise eines Staates schnell in verschiedenen Ausprägungen zum Beispiel in Form einer Flüchtlingsbewegung auf andere Staaten übertragen kann.

6. Nachhaltige Nutzung der Ressource Wasser als Lösungsansatz

Seit der UN-Konferenz, 'United Nations Conference on Environment and Development', von 1992 in Rio de Janeiro zu den Themen Umwelt und Entwicklung ist das Thema Nachhaltigkeit und nachhaltige Entwicklung ein wichtiger Bestandteil internationaler Umwelt- und

---

[46]Vgl. Vereinte Nationen, 2011: Global Assessment Report on Disaster Risk Reduction.
[47]Mashow, Y., 2018: Ist der Klimawandel eine Ursache des Kriegs in Syrien? Germanwatch.
[48]Bracher, A., 2001: Wasser als Streitpunkt der globalen Umwelt- und Entwicklungspolitik. Forum Umwelt & Entwicklung. Bonn. S. 8 ff.

Entwicklungspolitik. Insgesamt 178 Staaten verpflichteten sich in 27 Grundsätzen dazu, in Fragen der nachhaltigen Umwelt- und Entwicklungspolitik enger zusammenzuarbeiten. Insgesamt befürwortet das Abkommen, allen Ländern und Völkern die gleichen Voraussetzungen und Entwicklungsmöglichkeiten zu bieten und dabei ebenfalls die Interessen nachfolgender Generationen zu inkludieren.[49] Primär soll der Fokus jedoch auf dem Erhalt und dem nachhaltigen Umgang der natürlichen Lebensgrundlage liegen und so als Ethos eine Trendwende im Umwelt- und Ressourcenverbrauch der global vernetzten Weltwirtschaft einleiten. Dies umfasst vor allem auch das weltweite Konsumverhalten der Verbraucher.[50]

Im Rahmen dieser Konferenz wurde zum ersten Mal auch der nachhaltige Umgang mit Wasser zum Thema gemacht. Hierzu dienten die, ebenfalls 1992, ausgearbeiteten Dublin – Prinzipien. Die Dublin – Prinzipien basieren auf vier Leitprinzipien, welche die weltweite Wassernutzung als supranationales Politikum betrachtet.[51]

Die vier Prinzipien von Dublin[52]:

1. Süßwasser ist eine begrenzte und schutzbedürftige Ressource, unentbehrlich für Leben, Entwicklung und Umwelt.

2. Wassererschließung und -management sollen auf einem partizipatorischen Ansatz basieren, der Nutzer, Planer und politische Entscheidungsträger auf allen Ebenen einbezieht.

3. Frauen spielen eine zentrale Rolle bei der Versorgung mit Wasser, seinem Management und Schutz.

4. Wasser sollte als „Wirtschaftsgut" behandelt werden, ohne das Recht auf Zugang zu Wasser zu beeinträchtigen.

Als Hintergrund und Orientierung der Prinzipien dient das Drei-Säulen-Modell [53] für Nachhaltigkeitskonzepte. Bei diesem Modell werden die drei Dimensionen Ökonomie, Ökologie und soziale Anforderungen miteinander verknüpft und ausbalanciert. Dies geschieht immer unter einer nachhaltigen Prämisse, welche auch den späteren Generationen einen uneingeschränkten Zugang zu den Wasserressourcen ermöglichen soll. [54] Als ökologische Anforderung gilt vor allem der Ansatz, dass die Ressource Wasser in einem begrenzten Maße

---

[49]Vgl. Vereinten Nationen, 1992: Rio-Erklärung über Umwelt und Entwicklung. Grundsatzerklärung. Rio de Janeiro.

[50]Vgl. Vereinten Nationen, 1992: Rio-Erklärung über Umwelt und Entwicklung. Grundsatzerklärung. Rio de Janeiro.

[51]Vgl. Mauser, W., 2007: Wie lange reicht die Ressource Wasser? In: Wiegandt, K., 2007: Mut zur Nachhaltigkeit. 12 Wege in die Zukunft. Fischer. Berlin. S. 101 ff.

[52]Weber, M. / Hoering, U., 2002: Wasser für Umwelt und Entwicklung. Forum Umwelt und Entwicklung. Bonn. S. 9

[53]In Anlehnung an den Brundtland-Bericht der Weltkommission für Umwelt und Entwicklung der Vereinten Nationen.

[54]Vgl. Dürr, M., 2001: Bioenergie und Nachhaltigkeit. Diplomica Verlag. Hamburg. S. 40

vorhanden ist. Als konkrete Anforderung gilt somit, dass der Ressourcenerhalt im Vordergrund der Überlegung stehen sollte. Die ökonomische Anforderung ist im Kern eine leistungsfähige Wirtschaft zu gewährleisten, die die Bedürfnisse der ökologischen und sozialen Anforderungen erfüllen kann. Dies wäre zum Beispiel bei der Entwicklung und Produktion von wassereinsparenden und wasserschonenden Technologien der Fall. Vor allem das vierte Dublin-Prinzip unterstreicht die Rolle dieser Dimension besonders und möchte durch die Eingliederung in den wirtschaftlichen Prozess vermutlich einem verschwenderischen Umgang vorbeugen. Unter die sozialen Anforderungen fallen eine gerechte Verteilung und Solidarität, sowie die Weiterentwicklung und Weitergabe der Ressourcen an künftige Generationen. Eine gesunde Lebensgrundlage und die Sicherung der Grundversorgung stehen dabei im Vordergrund.[55]

7. Fazit

Im Rahmen des Fazits werden die einzelnen Zwischenergebnisse dieser Hausarbeit zusammengetragen und miteinander verknüpft. Außerdem soll mittels der Ergebnisse geprüft werden, ob das Ziel, unter den aktuellen Bedingungen und Entwicklungen, in Bezug auf eine gerechte und nachhaltige Nutzung der Wasserressourcen erreicht werden kann.

Zunächst ist festzuhalten, dass Wasser als Grundstoff allen Lebens unersetzlich für das Fortkommen des Menschen und des gesamten Planeten ist. Die nutzbaren Wasservorräte in Form von Süßwasser sind jedoch nur begrenzt verfügbar für den Menschen und überaus ungleich global verteilt. So hat eines der wasserreichsten Länder, Kanada, 10.000 mal mehr Wasser zu Verfügung als Kuwait, welches zu den wasserärmsten Ländern der Welt zählt. Da der Rohstoff in vielerlei Hinsicht wichtig für die Entwicklung eines Landes und die Versorgung der Bevölkerung ist, haben auf Grund der geographischen Lage einige Länder einen Chancenvorteil gegenüber anderen Ländern. Der Rohstoff Wasser ist in erster Linie wichtig für die Ernährung, Trinkwasserversorgung und Gesundheit der Bevölkerung und im Weiteren auch für die Industrie- oder Agrarwirtschaft. Staaten mit ohnehin geringen Wasservorräten haben auf Grund der klimatischen Bedingungen darüber hinaus einen erhöhten Bedarf an Wasser, da selbiges zum Beispiel bei der Bewässerung von Agrarflächen schneller verdunstet. Diese ungleiche Verteilung wird durch den Klimawandel noch einmal erheblich verstärkt, da trockene Regionen noch ausgedehntere Dürreperioden erleben. Darüber hinaus werden durch den Klimawandel auch funktionierende Wasserversorgungssysteme bedroht, da durch die extremen

---

[55]Vgl. Dürr, M., 2001: Bioenergie und Nachhaltigkeit. Diplomica Verlag. Hamburg. S. 40 ff.

Wetterbedingungen, zum Beispiel durch Überflutung, die Wasserreserven verschmutzt werden könnten. Logischerweise steigt durch einen fortschreitenden Klimawandel auch das Risiko, dass einzelne Staaten mit Wasserknappheit zu kämpfen haben werden. Das globale Konfliktpotenzial wird durch den Klimawandel und die daraus entstehenden Wasserkrisen vermutlich ebenfalls weiter zunehmen. An dieser Stelle ist vor allem noch einmal eindringlich darauf hinzuweisen, dass eine Wasserkrise als Krisenmultiplikator wirkt und sich nicht nur auf den betreffenden Staat auswirken muss. Veranschaulicht wurde dies durch das gewählte Fallbeispiel Syriens, welches noch einmal hervorheben sollte, dass die weltweiten Wasservorräte und dessen Verteilung ein globales Handeln erfordern. In dieser Hinsicht wurde die globale Entwicklung und Problematik durchaus von den Vereinten Nationen erkannt. Durch die UN - Resolution 64 / 292 wurde der Rohstoff Wasser zu einem Menschenrecht anerkannt. Die Staaten verpflichteten sich damit, für eine Trinkwasserversorgung und Sanitärversorgung ihrer Bevölkerung zu sorgen. Damit steht aber auch fest, dass sich in erster Linie jeder Staat selbst mit den bestehenden Wasservorkommen zu versorgen hat. Aus diesem Grund habe ich mich für die Gerechtigkeitstheorie von John Rawls entschieden, da diese vor allem die faire Verteilung einer Ressource als gerecht impliziert. Nach der Gerechtigkeitsauffassung von Rawls müssten die globalen Wasservorräte fair und proportional auf alle Menschen verteilt werden. Dies begründet er vor allem durch eine Verteilung die den Urzustand betrifft und hinter einem Schleier des Nichtwissens stattfindet, da nur so jeder Akteur faire und gerechte Entscheidungen treffen kann. Die UN – Resolution erfüllt diese Gerechtigkeitstheorie nicht, da sie den souveränen Staat schützt und somit eine Verteilung ausgehend von einem Urzustand nicht möglich ist. Das Prinzip der souveränen Staaten und die damit verbundenen Folgen für eine globale gerechte Verteilung im vollen Umfang zu diskutieren würde den Rahmen dieser Hausarbeit jedoch sprengen. Deshalb sei an dieser Stelle auf Jean - Jacques Rousseau verwiesen, welcher als einer der bedeutendsten Gerechtigkeitstheoretiker, betreffend des Prinzips des souveränen Staates, gilt.

„Der erste, der ein Stück Land einzäunte, kam auf den Gedanken zu sagen: das gehört mir; da er die Leute vorfand, die beschränkt genug waren, ihm das zu glauben, wurde er zum wahren Begründer der *societe civile*. Wieviel Verbrechen, Krieg, Mord und Elend wäre dem menschlichen Geschlecht erspart geblieben, wenn einer die Pfähle herausgerissen hätte, den Graben zugeschüttet und seinesgleichen zugeschrien hätte: ‚Hütet Euch vor diesem Betrüger,

Ihr seid verloren, wenn Ihr vergesst, dass die Früchte allen gehören und dass der Boden niemandem gehört'"[56]

Auch die Kommerzialisierung der Süßwasservorkommen ist durchaus kritisch zu betrachten. Eine Kommerzialisierung der Wasserressourcen hat auf jeden Fall nicht nur negative Effekte, sondern hat vor allem auch dazu geführt, dass weltweit mehr Menschen Zugang zu Trinkwasser bekommen haben. Jedoch sei eindringlich davor gewarnt, dass jene Menschen in die Abhängigkeit von internationalen Konzernen geraten. Vor allem der Trend hin zum Verkauf von Flaschenwasser ist durchaus kritisch zu bewerten. Die Unternehmen, welche die Wasserversorgung gewährleisten, handeln nach kapitalistischen Mustern, die maßgeblich auf eine Profitmaximierung des Unternehmens abzielen. Der Verkauf von Flaschenwasser erzielt dabei für die Konzerne eine höhere Rendite, als nachhaltige Versorgungssysteme zu schaffen und der Bevölkerung das Trinkwasser aus der Leitung zu verkaufen. Eine Entwicklung die aus gerechtigkeitstheoretischer Sicht durchaus unterschiedlich bewertet wird (siehe 4. Kapitel).

In Anlehnung an die Gerechtigkeitstheorie von John Rawls, müsste der Handlungsspielraum der Konzerne, auf Grund der Tatsache, dass es sich hierbei um ein durch die Menschenrechte geschütztes Gut handelt, durch Rechte und Pflichten gesondert im ökonomischen Kreislauf definiert werden. Es ist kaum möglich eine lebensnotwendige und natürliche Ressource, im Sinne des Neoliberalismus, ohne weiteres und im Sinne der Gerechtigkeit in den kapitalistischen Wirtschaftsprozess einzugliedern. Durchaus kann eine an Rechte und Pflichten gekoppelte Eingliederung der Ressource Wasser in den Wirtschaftskreislauf aber zu positiven Effekten führen und die von der UN geforderten Maßnahmen beschleunigen. Da vor allem Entwicklungs- und Transformationsländer mit teilweise instabilen und korrupten Regierungen von Wasserknappheit betroffen sind, ist das Vorgehen der hier vorgestellten internationalen Konzernen, welche ihren Sitz in demokratischen Staaten haben, gegenüber der Bevölkerung als äußerst unmoralisch zu bewerten. Aus diesem Grund bedarf es für die Ressource Wasser besondere Gesetze, die den Handlungsspielraum der Konzerne regulieren und an Bedingungen knüpfen, sodass es nicht dazu kommen kann, dass Staaten im Sinne der Profitmaximierung, einen Nachteil davon tragen. Dies ist aktuell nicht der Fall, da durch die Privatisierung der Wasserressourcen der rechtmäßige Besitzer der Konzern ist und damit über dieses Gut verfügen darf. Im Sinne eines nachhaltigen Umgangs mit der Ressource Wasser sind die bisherigen wirtschaftlichen Entwicklungen kaum vereinbar. Die Vereinten Nationen haben mit dem Nachhaltigkeitsprinzip auf jeden Fall die richtigen Richtlinien geschaffen.

---

[56]Rousseau, J.-J., 1755: Abhandlung über den Ursprung und die Grundlagen der Ungleichheit unter den Menschen. Reclam. Paderborn. S. 74

Der allgemeine Umgang mit der Ressource Wasser muss sparsamer und vorausschauender gestaltet werden. Dies gilt nicht nur für Regierungen oder internationale Konzerne, sondern in erster Linie auch für den einzelnen Verbraucher. Die Stadt Kapstadt bewegte sich im Sommer 2018 nach einer längeren Dürreperiode auf den sogenannten „Day Zero"[57] zu, an dem die Wasserversorgung abgeschaltet werden sollte und nur noch begrenzt an Verteilstellen ausgegeben werden sollte. Durch verschiedene Aufklärungskampagnen schaffte es die Stadt Kapstadt seit Beginn der Dürreperiode ihren Wasserverbrauch um 60% zu reduzieren.[58] Dies zeigt, dass ein bewusster und vor allem nachhaltiger Umgang mit dem Rohstoff Wasser dazu führen kann, dass die Nachfrage sinkt.

Meiner Meinung nach müssten diese Aufklärungskampagnen schon jetzt und weltweit viel bewusster wahrgenommen werden und durch politische Institutionen gefördert werden. Der bisherige Umgang und Verbrauch von Wasser ist alles andere als nachhaltig. Die Grundwasserreserven die über Jahrhunderte entstanden sind werden bedingungslos ausgebeutet. Durch marode Wasserleitungen verlieren Städte wie Mexiko Stadt die Hälfte ihrer Trinkwasservorkommen.[59] Das 4. Dublin – Prinzip fordert die Behandlung des Wassers als Wirtschaftsgut, was meiner Meinung nach bei richtiger Umsetzungen zu einem enormen Umdenken innerhalb der globalen Gemeinschaft führen könnte. Sofern jedem Menschen auf der Welt ein ausreichender und erschwinglicher Anteil an Wasser zugestanden wurde, sollten die Wasserentnahmen die darüber hinaus stattfinden mit einem deutlich höheren Preis belegt werden. So könnte meines Erachtens der Rohstoff Wasser im Sinne der Menschenrechte genutzt werden und würde darüber hinaus nach den Gesetzmäßigkeiten des Kapitalismus fungieren. Dies hätte natürlich zur Folge, dass die Landwirtschaft in Entwicklungsländern kaum noch wettbewerbsfähig wäre und auch andere Wirtschaftszweige dadurch zerbrechen würden. Dafür müsste die globale Politik im Umkehrschluss eine gerechte Lösung finden, um benachteiligten Staaten ebenfalls eine Chancengleichheit zu garantieren. Der verschwenderische Umgang mit der Ressource Wasser wird aber zwangsläufig zu einer Potenzierung von Krisen führen und den politischen Handlungsspielraum vermutlich noch verkleinern. Des Weiteren wären natürlich noch Maßnahmen wie ein Emissionsrechtehandel denkbar, der jedem Staat eine gewisse Menge an Wasser zugesteht und dann über den Markt reguliert wird. Jedoch sind solche Verfahren in Bezug auf die globale Wasserverteilung noch ziemlich utopisch. Allgemein ist darauf zu achten, dass ökonomische Lösungsmodelle, wie sie gerade durch das 4. Dublin – Prinzip gefordert werden, nach strengen Auflagen durchgesetzt werden. Da diese ökonomischen Lösungsmodelle,

---

[57]Lemkemeyer, S., 2018: Day Zero in Kapstadt fällt aus – vorerst. Tagesspiegel 30.03.2018. Berlin.
[58]Vgl. Lemkemeyer, S., 2018: Day Zero in Kapstadt fällt aus – vorerst. Tagesspiegel 30.03.2018. Berlin.
[59]Vgl. Ehringfeld, K., 2018: Mexiko-Stadt geht das Wasser aus. Stuttgarter Zeitung 02.11.2018. Stuttgart.

jedoch vor allem für die Entwicklungs- und Transformationsländer einen Nachteil darstellen werden, ist dies durch anderweitige Subventionen zumindest auszugleichen. Im Sinne der Gerechtigkeitstheorie nach John Rawls, wäre es gerecht, wenn die gesamten Süßwasservorkommen der Erde proportional unter den Menschen beziehungsweise Staaten aufgeteilt werden. Da dieses Szenario jedoch in einer Welt mit autonomen und souveränen Staaten, denen größten Teils kapitalistische Wirtschaftssysteme innewohnen, nicht realisierbar ist, bleibt ein solches Vorhaben an dieser Stelle kaum zu diskutieren. Grundlegend entscheidend ist jedoch, dass die Gesamtheit der Staaten einer globalen Wasserkrise gegenübersteht, welche sich zwar in verschieden starken Ausprägungen widerspiegeln, aber dennoch einen Nachteil für alle haben wird und somit zumindest ein globales politisches Interesse auf sich ziehen sollte. Allein durch diesen Fakt sollte sich die globale Staatengemeinschaft dazu aufgerufen fühlen, ihre Wasserpolitik, unabhängig von der geographischen Lage, verstärkt in ihre politische Agenda aufzunehmen und dafür zu sorgen, dass der Rohstoff Wasser nachhaltig und sparsam genutzt wird. Sollten die Grundwasservorkommen in den ersten Regionen nämlich aufgebraucht sein, wird sich die ohnehin schon prekäre Situation noch einmal erheblich verschlimmern. Andernfalls bleibt nur zu hoffen, dass eine technologische Entwicklung es dem Menschen erlaubt, die Salzwasserreserven so aufzubereiten und zu entsalzen, dass sie den heutigen Trinkwasserstandards entsprechen. Da dies aber bisher noch nicht der Fall ist, sollten die internationale und regionale Politik ihre Wasserpolitik umgehend ändern und mit hohen Investitionen einer verschärften globalen Wasserkrise entgegenwirken. Denn im Grunde wäre allein der geringe Anteil an Süßwasservorkommen, auf die der Mensch aktuell Zugriff hat absolut ausreichend für die weltweite Bevölkerung, sofern jene nachhaltig genutzt werden würden. Dass es möglich und notwendig ist, einen bewussteren und verantwortungsvolleren Umgang mit dem Rohstoff Wasser herzustellen, hat im letzten Jahr die Stadt Kapstadt eindrucksvoll bewiesen. Die globale Wasserkrise befindet sich an einem Wendepunkt. Sie erfordert ein unverzügliches Handeln der globalen Staatengemeinschaft, welche einerseits den Preis des wertvollsten Guts der Erde bestimmt und andererseits dessen gerechte Bereitstellung als Menschenrecht gewährleistet.

Literaturverzeichnis

Adano, Wario R. / Dietz, T. / Witsenburg, K. / Zaal, F., 2012: Climate change, violent conflict and local institutions in Kenya's drylands. In: Journal of Peace Research. 49/1. S. 65-80.

Aden, H., 2012: Umweltpolitik. VS Verlag. Wiesbaden.

Brehme, J., 2010: Privatisierung und Regulierung der öffentlichen Wasserversorgung. Mohr Siebeck Verlag. Tübingen.

Breithaupt, M. / Höfling, H. / Petzold, L. / Philipp, C. / Schmitz, N. / Sülzer, R., 1998: Kommerzialisierung und Privatisierung von Public Utilities. Gabler Verlag. Wiesbaden.

Brugger, F., 2005: Gegenwärtige und künftige Wasserprobleme in Entwicklungsländern. In: Lozan, J. L. / Grassl, H. / Hupfer, P. / Menzel, L. / Raschke, E. / Schönwiese C.-D., 2005: Warnsignal Klima: Genug Wasser für alle? Wissenschaftliche Auswertung. Hamburg.

Conca, K. / Dabelko, G., 2002: Environmental Peacemaking. John Hopkins University Press. Washington D.C.

Dürr, M., 2001: Bioenergie und Nachhaltigkeit. Diplomica Verlag. Hamburg.

Eid, U. / Kranz, 2014: Wasser - Menschenrechte, Ressource, Konfliktstoff? In: Schnecker, U. / Scheliha, v. A. / Lienkamp, A. / Klagge, B. (Hrsg.): Wettstreit um Ressourcen: Konflikte um Klima, Wasser und Boden. oekom Verlag. München.

Falkenmark, M. / Lundqvist, J. / Widstrand, C., 1989: Macro-scale water scarcity requires microscale approaches. Natural resource Forum. Vol. 13, Issue 4.

Fröhlich, C. / Ratsch, U., 2005: Wasserknappheit und kriegerische Konflikte. In: Lozan, J. L. / Grassl, H. / Hupfer, P. / Menzel, L. / Raschke, E. / Schönwiese C.-D., 2005: Warnsignal Klima: Genug Wasser für alle? Wissenschaftliche Auswertung. Hamburg.

Gleditsch, N. P., 2008: The liberal moment fifteen years on. In: International Studies Quarterly. 52/4. S. 691-712.

Hayek, F. A., 1971: Die Verfassung der Freiheit. Mohr-Siebeck. Tübingen.

Heidrich, M., 2004: Rechtsphilosophische Grundlagen des Ressourcenschutzes. Duncker & Humblot. Berlin.

Hendl, M. / Liedtke, H., 2002: Lehrbuch der Allgemeinen Physischen Geographie. Justus Perthes Verlag. Gotha. 3. Auflage.

Hendrix, C. / Salehyan, I., 2012: Climate change, rainfall, and social conflict in Africa. In: Journal of Peace Research. 49/1. S. 35-50.

Hippe, T., 2016: Herausforderung Klimaschutzpolitik. Verlag Barbara Budrich. Berlin.

Kant, I., 1785: Grundlegung zur Metaphysik der Sitten. J. F. Hartknoch. AA IV.

Klare, M., 2012: The Race for What's Left: The Global Scramble for the World's Last Resources. Henry Holt. New York.

Kohfahl, C. / Massmann, G. / Pekdeger, A., 2005: Fossiles und neues Grundwasser als Teil des Gesamtwassers. In: Lozan, J. L. / Grassl, H. / Hupfer, P. / Menzel, L. / Raschke, E. / Kreide, R. / Landwehr, C. / Toens, K. (Hrsg.), 2012: Demokratie und Gerechtigkeit in Verteilungskonflikten. Nomos Verlag. Baden-Baden.

Kranz, N., 2010: What Does It Take? Engaging Business for Addressing the Water Challenge in South Africa. Political and Social Sciences. Freie Universität. Berlin.

Latif, M., 2015: Klima. Fischer Kompakt. Berlin.

Leal, W., 2011: Experiences of Climate Change Adaptation in Africa. Springer-Verlag. Berlin.

Lozan, J. L. / Grassl, H. / Hupfer, P. / Menzel, L. / Raschke, E. / Schönwiese C.-D., 2005: Warnsignal Klima: Genug Wasser für alle? Wissenschaftliche Auswertung. Hamburg.

Mauser, W., 2007: Wie lange reicht die Ressource Wasser? In: Wiegandt, K., 2007: Mut zur Nachhaltigkeit. 12 Wege in die Zukunft. Fischer. Berlin.

Rawls, J., 1975: Eine Theorie der Gerechtigkeit. Suhrkamp Taschenbuch Wissenschaft. Frankfurt am Main.

Rest, J., 2011: Grüner Kapitalismus? Klimawandel, globale Staatenkonkurrenz und die Verhinderung der Energiewende. VS Verlag. Wiesbaden.

Rogers, P. / Hall, A. W., 2003: Effective Water Governance. Global Water Partnership. Stockholm.

Rousseau, J.-J., 1755: Abhandlung über den Ursprung und die Grundlagen der Ungleichheit unter den Menschen. Reclam. Paderborn.

Shiklomanov, I., 1993: World fresh water resources. in Peter H. Gleick (Hrsg.), 1993, Water in Crisis: A Guide to the World's Fresh Water Resources. Oxford University Press. New York.

Schönwiese C.-D., 2005: Warnsignal Klima: Genug Wasser für alle? Wissenschaftliche Auswertungen. Hamburg.

Schreiber, W., 2011: Darfur – der erste Klimakrieg? In: Brzoska, M. / Kalinowski, M. / Matthies, V. / Meyer, B. (Hrsg.): Klimawandel und Konflikte. Nomos Verlag. Baden-Baden.

Stiefel, R., 2014: Abwasserrecycling und Regenwassernutzung. Springer Verlag. Wiesbaden.

Wissenschaftlicher Beirat der Bundesregierung Globale Umweltveränderungen, 2007: Sicherheitsrisiko Klimawandel. Springer-Verlag. Berlin / Heidelberg.

Wolf, A. T. / Kramer, A., 2005: Managing Water Conflict and Cooperation. State of the World. World Watch Institute. Washington D.C.

Yoffe, S. / Wolf, A. T. / Giordano, M., 2003: Conflict and cooperation over international freshwater resources: Indicators of basins at risk. In: Journal of the American Water Resources Association. 39/5. S. 1109-1126.

<u>**Internetquellen**</u>

Alwardt, C., 2011: Wasser als globale Herausforderung. Die Ressource Wasser. Institut für Friedensforschung und Sicherheitspolitik. Hamburg.
URL: https://www.clisec.uni-hamburg.de/en/pdf/working-paper-clisec-11.pdf   (Stand 08.03.2019)

Bates, B. C. / Kundzewicz, Z. W. (Hrsg.), 2008: Climate Change and Water: Technical Paper of the Intergovernmental Panel on Climate Change. IPCC Secretariat. Genf.
URL: https://www.ipcc.ch/site/assets/uploads/2018/03/climate-change-water-en.pdf   (Stand 08.03.2019)

Bracher, A., 2001: Wasser als Streitpunkt der globalen Umwelt- und Entwicklungspolitik. Forum Umwelt & Entwicklung. Bonn.
URL: http://forumue.de/wp-content/uploads/2015/05/agwas_2001_wasseralsstreitpunkt.pdf (Stand 08.03.2019)

Brückner, E, 1909: Über Klimaschwankungen. Mitteilungen der Deutschen Landwirtschafts-Gesellschaft. Ausgabe 24.
URL: http://www.hvonstorch.de/klima/pdf/brueckner.deutsch-1.pdf (Stand 08.03.2019)

Bundesministerium für wirtschaftliche Zusammenarbeit und Entwicklung, 2019: Entwicklungsland. Begriffsdefinition. Berlin.
URL: https://www.bmz.de/de/service/glossar/E/entwicklungsland.html (Stand 08.03.2019)

Bundeszentrale für politische Bildung, 2017: Wasser. Bonn.
URL: http://www.bpb.de/nachschlagen/zahlen-und-fakten/globalisierung/52730/wasserverbrauch (Stand 08.03.2019)

Ehringfeld, K., 2018: Mexiko-Stadt geht das Wasser aus. Stuttgarter Zeitung 02.11.2018. Stuttgart.
URL: https://www.stuttgarter-nachrichten.de/inhalt.wasser-mexiko-stadt-geht-das-wasser-aus.1bd1b1fd-53d3-4e1e-9fff-b78216f4f295.html (Stand 08.03.2019)

Food and Agriculture Organization of the United Nations (FAO): AquaStat (10/2016)
URL: http://www.fao.org/nr/water/aquastat/maps/index.stm (Stand 08.03.2019)

Generalversammlung der UN, 2010: Menschenrecht auf Wasser und Sanitärversorgung. Resolution 64/ 292.
URL: http://www.un.org/Depts/german/gv-64/band3/ar64292.pdf (Stand 08.03.2019)

Gramling, R., 2012: Kampf gegen globale Wasserkrise. WWF.
URL: https://www.wwf.de/2012/maerz/kampf-gegen-globale-wasserkrise/ (Stand 08.03.2019)

Kroth, I. / Kartsolis, C., 2007: Grenzenloser Gewinn. Fluter Magazin. Heft 23.
URL: https://www.fluter.de/sites/default/files/magazines/pdf/23_wasser.pdf (Stand 08.03.2019)

Lemkemeyer, S., 2018: Day Zero in Kapstadt fällt aus – vorerst. Tagesspiegel 30.03.2018. Berlin.
URL: https://www.tagesspiegel.de/gesellschaft/panorama/wasserkrise-in-suedafrika-day-zero-in-kapstadt-faellt-aus-vorerst/21130932.html (Stand 08.03.2019)

Mashow, Y., 2018: Ist der Klimawandel eine Ursache des Kriegs in Syrien? Germanwatch.
URL: https://germanwatch.org/de/16007 (Stand 08.03.2019)

Müller, F., 2007: Der blaue Goldrausch. Fluter Magazin. Heft 23.
URL: https://www.fluter.de/sites/default/files/magazines/pdf/23_wasser.pdf (Stand 08.03.2019)

Pidwirny, M., 2006 Global Distribution of Precipitation. Fundamentals of Physical Geography.
URL: http://www.physicalgeography.net/fundamentals/8g.html (Stand 08.03.2019)
Schönlebe, D., 2007: „Das ist eben Kapitalismus". Fluter Magazin. Heft 23.
URL: https://www.fluter.de/sites/default/files/magazines/pdf/23_wasser.pdf (Stand 08.03.2019)

The Business Research Company, 2018: Bottled Water Global Market Report.
URL: https://blog.marketresearch.com/the-global-bottled-water-market-expert-insights-statistics (Stand 08.03.2019)

The United Nations, 2009: World Water Development Report 2009. UNESCO. London.

URL: https://unesdoc.unesco.org/ark:/48223/pf0000181993 (Stand 08.03.2019)

The United Nations, 2018: World Water Development Report 2018. UNESCO. Paris.
URL: file:///C:/Users/mariu/Downloads/261424eng.pdf (Stand 08.03.2019)

UNICEF / WHO, 2017: Progress on Drinking Water, Sanitation and Hygiene.
URL: https://www.who.int/mediacentre/news/releases/2017/launch-version-report-jmp-water-sanitation-hygiene.pdf (Stand 08.03.2019)

UNICEF, 2018: 10 Fakten über Wasser. Weltwasserwoche 2018.
URL: https://www.unicef.de/informieren/aktuelles/blog/weltwasserwoche-2018-zehn-fakten-ueber-wasser/172968 (Stand 08.03.2019)

Vereinten Nationen, 1992: Rio-Erklärung über Umwelt und Entwicklung. Grundsatzerklärung. Rio de Janeiro.
URL: http://www.un.org/depts/german/conf/agenda21/rio.pdf (Stand 08.03.2019)

Vereinte Nationen, 2011: Global Assessment Report on Disaster Risk Reduction.
URL: https://www.preventionweb.net/english/hyogo/gar/2011/en/home/index.html (Stand 08.03.2019)

Wasserwerke Sonneberg, 2015: Weltweite Wasservorräte.
URL: https://www.wasserwerke-sonneberg.de/wasser/wissenswertes/wasser-weltweit/ (Stand 08.03.2019)

Weber, M. / Hoering, U., 2002: Wasser für Umwelt und Entwicklung. Forum Umwelt und Entwicklung. Bonn.
URL: http://www.rio-10.de/rioprozess/bilanzpapiere/bilanz_wasser.PDF (Stand 08.03.2019)